Ernst Probst

Dinosaurier in Bayern

Von Cetiosauriscus bis zu Sciurumimus

GRIN Verlag

Bibliografische Information der Deutschen Nationalbibliothek:

Die Deutsche Bibliothek verzeichnet diese Publikation in der Deutschen National-
bibliografie; detaillierte bibliografische Daten sind im Internet über http://dnb.d-
nb.de/ abrufbar.

Impressum:

Copyright © 2011 GRIN Verlag, Open Publishing GmbH
Druck und Bindung: Books on Demand GmbH, Norderstedt Germany
ISBN: 978-3-640-88937-2

Ernst Probst

Dinosaurier in Bayern

Von Cetiosauriscus bis zu Sciurumimus

Meinen Enkelkindern Max und Paula Werner
gewidmet

DANK

Für wertvolle Hilfe
bei der Entstehung dieses Taschenbuches
dankt der Autor:

Nobu Tamura
Fritz Wendler (1941–1995)
Bernd Werner

Lebensbild von Compsognathus longipes
Zeichnung von Nobu Tamura

Inhalt

Vorwort

Mit den bisher im weißblauen Freistaat nachgewiesenen Gattungen der „Schreckensechsen" befasst sich das Taschenbuch „Dinosaurier in Bayern": Dabei handelt es sich um *Cetiosauriscus, Compsognathus, Juravenator, Plateosaurus* und *Sciurumimus*. Bereits 1834 wurde der bis zu 10 Meter lange pflanzenfressende *Plateosaurus* bei Heroldsberg unweit von Nürnberg entdeckt. Von ihm kennt man in Deutschland mehr als 50 Fundstellen. 1858 kam der räuberische *Compsognathus* bei Jachenhausen nahe Riedenburg zum Vorschein. Dieses kaum 90 Zentimeter lange Tier betrachtete man früher als kleinsten Dinosaurier. 1978 barg man zwischen Kulmbach und Kronach fossile Knochen, die vom pflanzenfressenden Elefantenfuß-Dinosaurier *Cetiosauriscus* stammen sollen. 1998 gelang in Schamhaupten bei Eichstätt der weltweit einmalige Fund des Raub-Dinosaurier *Juravenator*. Jener „Jäger des Juragebirges" erreichte eine Länge von rund 75 bis 80 Zentimetern. 2009 oder 2010 barg man bei Painten unweit von Kelheim das ungewöhnlich gut erhaltene Skelett eines Jungtiers des Raub-Dinosauriers *Sciurumimus* („Eichhörnchen-Nachahmer"). Autor des Taschenbuches „Dinosaurier in Bayern" ist der in Bayern geborene und heute in Wiesbaden lebende Wissenschaftsautor Ernst Probst, der etliche Werke über Dinosaurier und andere Tiere der Urzeit veröffentlicht hat.

*Friedrich von Huene
(1875–1969)*

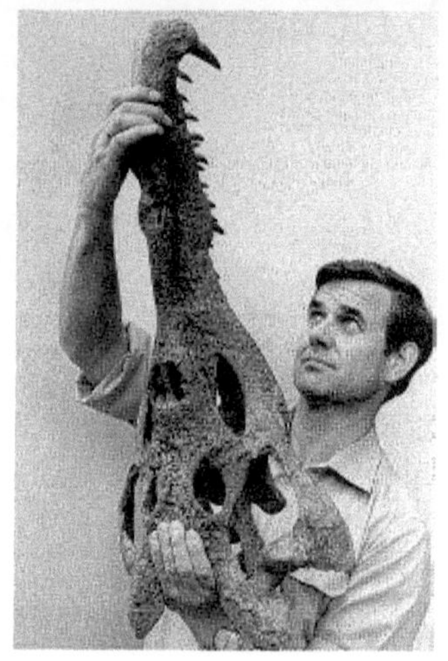

Rupert Wild

Cetiosauriscus

Name: Walähnliche Echse
Größe: etwa 15 Meter lang
Vorkommen: Obere Jurazeit
Funde: England, Schweiz, Deutschland (Bayern)
Systematik: Saurischia, Sauropodomorpha,
Sauropoda, Diplodocidae
Erstbeschreibung: Huene 1927 (nach anderen
Angaben 1922)

Der Dinosaurier *Cetiosauriscus* lebte in der Oberen Jurazeit vor etwa 150 Millionen Jahren in Europa. Um 1850 wurden in einem Steinbruch in der Nähe von Moutier im schweizerischen Kanton Bern zahlreiche Saurierknochen gefunden. 1870 beschrieb der Basler Arzt und Geologe Jean Baptiste Greppin (1819–1881) diesen Fund als *Megalosaurus meriani*. Aber in der Folgezeit zeigte sich, dass nur ein Zahn vom Raub-Dinosaurier *Megalosaurus* („Große Echse") stammte. 1922 beschrieb der deutsche Paläontologe Friedrich von Huene (1875–1969) die übrigen Reste als Knochen eines Elefantenfuß-Dinosauriers (Sauropoda), den er *Ornithopsis greppini* nannte. Doch später wurde diese Art der Gattung *Cetiosauriscus* einverleibt, weswegen das Tier heute *Cetiosauriscus greppini* heißt. Der pflanzenfressende *Cetiosauriscus* ist nahe verwandt mit der „Donner-Echse" *Diplodocus*. Einem Wirbelknochen von *Cetiosauriscus* ähnelt einer der Funde, die gegen Ende des Jahres 1978 den Kronacher Brüdern Dr. Friedrich Martin und Hans Martin auf der freigelegten Sohle eines Steinbruches zwischen den oberfränkischen Städten Kronach und Kulmbach glückten. Dies fand der damals am Staatlichen Museum für Naturkunde in Stuttgart arbeitende Paläontologe Rupert Wild durch Vergleiche heraus. In dem Buch „Dinosaurier in Deutschland" (1993) von Ernst Probst und Raymund Windolf hieß es: „Ob die Kronacher Dinosaurierwirbel genau zu *Cetiosauriscus* oder zu einem ihm nahe verwandten Sauropoden gehören, ist noch nicht gesichert. Doch weiß man durch durch diese Funde, daß zu Beginn des Oberjura in Deutschland mittelgroße Sauropoden lebten. Etwas höher im Jura, im frühen Kimmeridge, kennt man aus der niedersächsischen Ortschaft Barkhausen Fährten, die Sauropoden verursacht haben, deren Größe zu *Cetiosauriscus* passen würde. Ob die Barkhausener Sauropoden allerdings mit den Kronacher Sauropoden identisch waren, bleibt vorerst nur Spekulation."

Compsognathus

Name: Zartkiefer
Größe: etwa 89 Zentimeter lang
Vorkommen: Obere Jurazeit
Funde: Deutschland (Bayern), Frankreich
Systematik: Saurischia, Theropoda, Coelurosauria,
Compsognathidae
Erstbeschreibung: Wagner 1859

Der kleine Raub-Dinosaurier *Compsognathus* aus der Oberen Jurazeit vor etwa 151 bis 148 Millionen Jahren wurde 1858 von dem Gerichtsarzt und Sammler Joseph Oberndorfer aus Kelheim vermutlich in einem Steinbruch bei Jachenhausen nahe Riedenburg entdeckt. Der Münchener Paläontologe Andreas Wagner (1797–1861) beschrieb diesen Fund 1859 kurz und 1861 länger und gab ihm den wissenschaftlichen Namen *Compsognathus longipes* („Langbeiniger Zartkiefer"). Der Gattungsname *Compsognathus* besteht aus den griechischen Wörtern kompsos (elegant) und gnathos (Kiefer). Wagner hielt dieses Fossil aus Bayern für eine Art Eidechse. 1868 vermutete der englische Wissenschaftler Thomas Henry Huxley (1825–1895), dass dieses Tier eng mit Dinosauriern verwandt war. 1896 identifizierte der amerikanische Paläontologe Othniel Charles Marsh (1831–1899) den Fund aus Bayern als Dinosaurier. *Compsognathus* hatte etwa die Größe eines Truthuhns, war 89 Zentimeter lang und wog schätzungsweise drei Kilogramm. Er trug einen etwa 7,5 Zentimeter langen Schädel, besaß die für Hohlknochen-Dinosaurier (Coelurosaurier) typischen hohlen Knochen und einen langen Schwanz zum Balancieren. An den Hinterbeinen waren drei Zehen nach vorne und eine kleine nach hinten ausgerichtet. Mit seinen dreifingrigen Händen konnte er flink Beutetiere ergreifen. Zu seinen Opfern gehörten kleinere Reptilien und vielleicht auch Insekten. 1881 entdeckte Marsh in der Bauchregion des *Compsognathus* aus Bayern ein kleines Skelett, das er für Reste eines Embryos hielt. 1903 stellte der österreichisch-ungarische Paläontologe Franz Baron Nopsca (1877–1933) fest, dass es sich hierbei um das Skelett einer kleinen Echse handelte, die von *Compsognathus* gefressen worden war. Der amerikanische Paläontologe John H. Ostrom identifizierte das Beutetier 1994 als Eidechse der Gattung *Bavarisaurus*. Weil das *Bavarisaurus*-Skelett komplett erhalten ist, muss *Compsognathus* dieses Beutetier ganz verschluckt haben. Da der langbeinige *Bavarisaurus* als schneller Läufer gilt, muss *Compsognathus* als Jäger dieses Tieres die Fähigkeit zur raschen Beschleunigung und ein gutes Sehvermögen besessen haben. Wegen seiner geringen Gesamtlänge galt der *Compsognathus*-Fund aus Bayern lange Zeit als der kleinste Dinosaurier der Erde. Später entdeckte man noch kleinere Dinosaurier wie *Caenagnathasia* (1993 beschrieben), *Parvicursor* (1996) oder *Microraptor* (2000). Merklich größer als das Exemplar aus Bayern ist der zweite Fund eines *Compsognathus*, der bei Canjuers nahe Nizza (Frankreich) glückte und 1972 *Compsognathus corallestris* genannt wurde. Dieser Fund, der 1983 vom „Musée national d'histoire naturelle" in Paris erworben wurde, besteht aus zwei Gesteinsblöcken. Auf einem der Blöcke befinden sich der Schädel und das Restskelett bis zum siebten Schwanzwirbel, auf dem anderen die Schwanzwirbel 9 bis 31. Das hintere Schwanzende und einige Handknochen fehlen. Man konnte aber erkennen, dass der *Compsognathus* aus Frankreich an jeder Hand drei Finger hatte. Bei dem Exemplar aus Bayern waren nur jeweils zwei Finger erhalten geblieben. Die Gesamtlänge des *Compsognathus* aus der Gegend von Canjuers wird auf etwa 1,25 Meter geschätzt. Auch in seinem Bauch hat man Reste von verzehrten Echsen gefunden. Seit 1991 rechnet man den Fund aus Frankreich ebenfalls zur Art *Compsognathus longipes*. Das kleinere Fossil aus Bayern gilt heute als Jungtier. Der Skelettbau von *Compsognathus* ähnelt in Form, Größe und Proportionen verblüffend demjenigen des gleichzeitig existierenden Urvogels *Archaeopteryx* aus Bayern. Aus diesem Grund hat man einen Fund des Urvogels lange Zeit irrtümlich für einen Raub-Dinosaurier der Gattung *Compsognathus* gehalten. Doch an keinem der *Compsognathus*-Fossilien sind Abdrücke von Federn zu erkennen. So manches, was früher über *Compsognathus* publiziert wurde, gilt heute nicht mehr. 1901 beschrieb der deutsche Paläontologe Friedrich von

Huene (1875–1969) am *Compsognathus* aus Bayern Hautabdrücke in der Bauchregion und einen Hautpanzer aus sechseckigen Hornplatten, der zumindest den Schwanz und den Nacken des Tieres bedeckt haben soll. Später wurden auch Strukturen an den Armen des *Compsognathus* aus Frankreich als Reste von Schwimmhäuten gedeutet. Doch John H. Ostrom widerlegte 1978 diese Ansichten. 1922 vermutete der österreichische Paläontologe Othenio Abel (1875–1946) nach der Untersuchung einer als *Kouphichnium lithographicum* bezeichneten Fährtenfolge, einige kleine Dinosaurier wie *Compsognathus* hätten sich hüpfend fortbewegt. 1937 glaubte der Paläontologe Martin Wilfarth, der Erzeuger dieser Fährte sei ein kleiner Dinosaurier, der zur Fortbewegung die Arme gespreizt nach vorne gesetzt habe, um die Hinterbeine nach vorne hindurch zu schwingen. Doch 1940 wies Kenneth Caster nach, dass es sich bei der *Kouphichnium*-Fährte um die Spuren eines Pfeilschwanzkrebses der Gattung *Limulus* handelte. Nach neueren Studien mit Muskulaturmodellen erreichte *Compsognathus* eine Höchstgeschwindigkeit bis zu 64 Stundenkilometern. 1983 deutete der deutsche Paläontologe Matthias Mäuser zehn Halbkugeln mit einem Durchmesser von jeweils einem Zentimeter unterhalb des Brustkorbs des *Compsognathus* aus Bayern als ungelegte Eier dieses Dinosauriers. Andere Experten bezweifelten dies, weil die vermeintlichen Eier außerhalb des Körpers liegen. Weitere

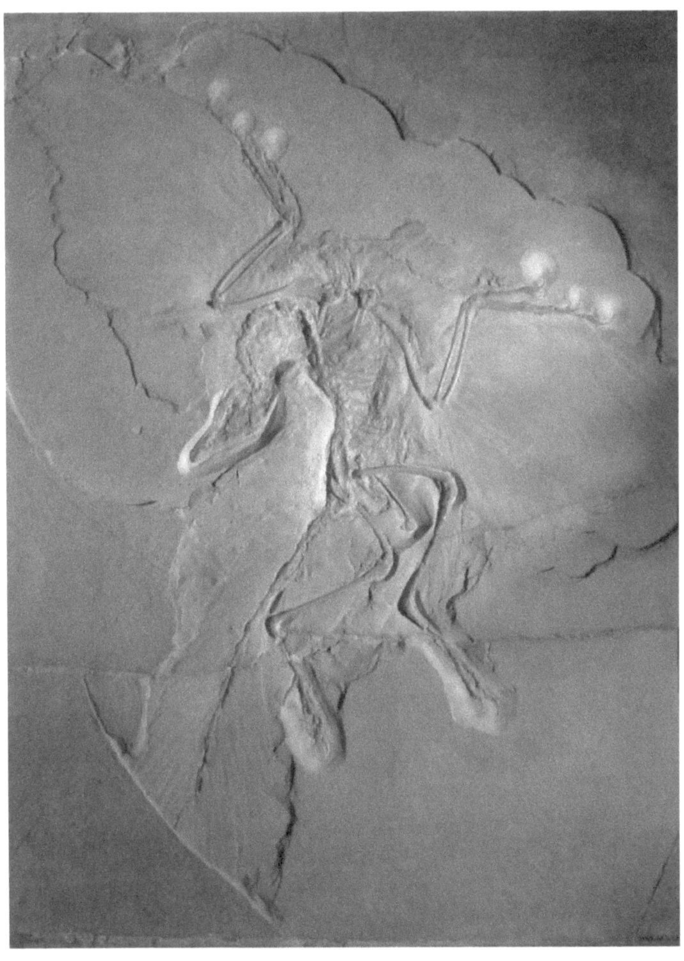

Zeitgenosse von Compsognathus: Urvogel Archaeopteryx
aus Bayern im „Museum für Naturkunde", Berlin

Zweifel entstanden nach der Entdeckung eines Skelettes des eng mit *Compsognathus* verwandten Dinosauriers *Sinosauropteryx* aus China mit zwei fossilen Eiern in der Bauchregion. Denn diese Eier sind proportional größer und weniger zahlreich als die vermeintlichen *Compsognathus*-Eier. Manche Experten meinen, dass *Compsognathus* an der Meeresküste gelebt hat. Die *Compsognathus*-Fundorte Jachenhausen in Bayern und Canjuers in Frankreich waren nämlich zu Lebzeiten dieses Raub-Dinosauriers Lagunen zwischen den Stränden und Korallenriffen von Inseln im Tethys-Meer. Nach den Funden zu schließen, lebten damals auch der Urvogel *Archaeopteryx* sowie die Flugsaurier *Rhamphorhynchus* und *Pterodactylus* sowie Meerestiere wie Fische, Stachelhäuter, Krebse und Mollusken.

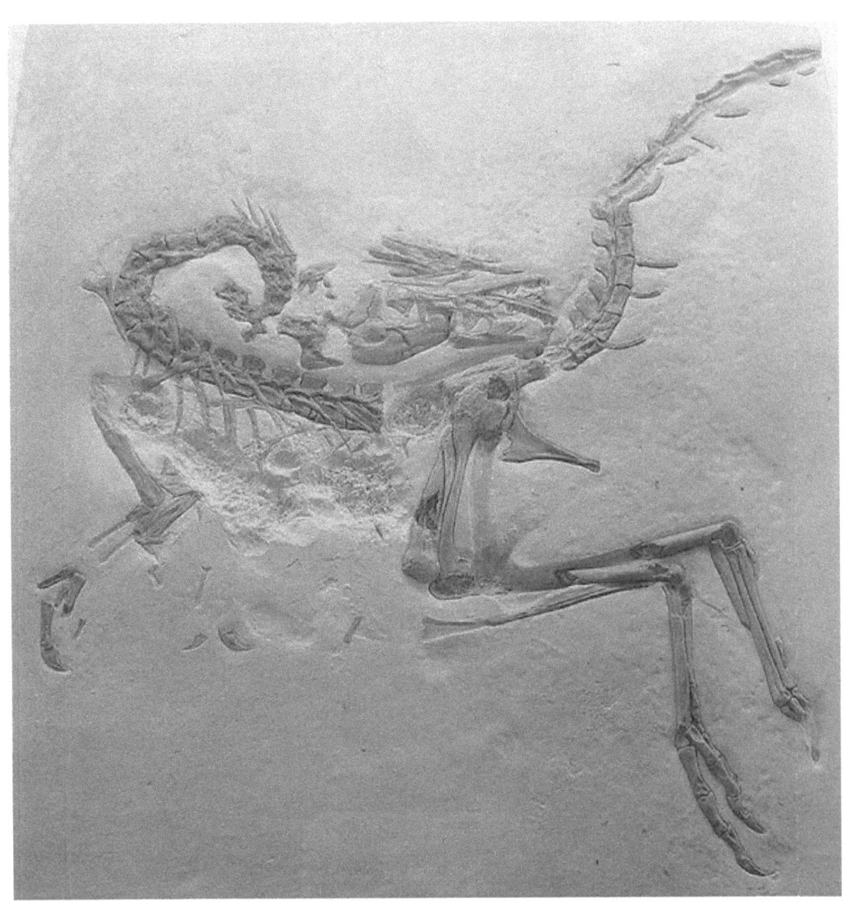

*Abguss des Fundes von Compsognathus aus Bayern
im „Oxford University Museum of Natural History"*

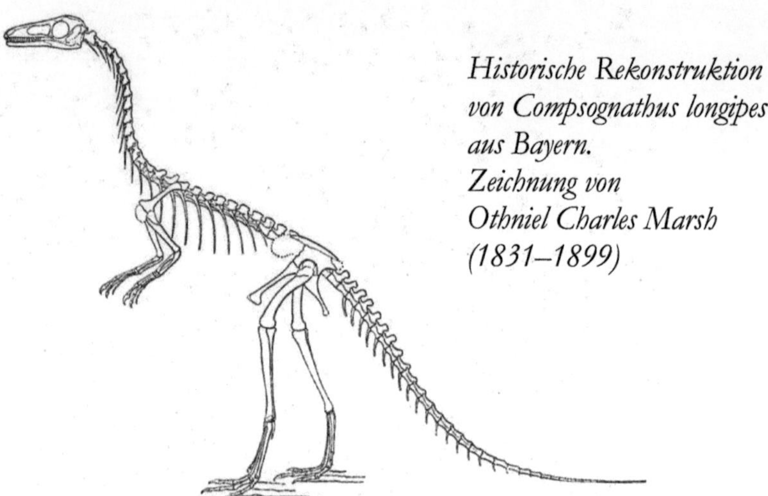

Historische Rekonstruktion von Compsognathus longipes aus Bayern.
Zeichnung von Othniel Charles Marsh (1831–1899)

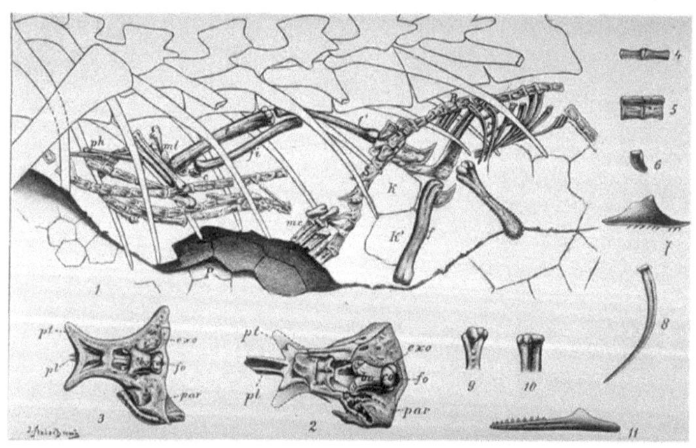

Mageninhalt von Compsognathus aus Bayern.
Zeichnung von Franz Baron Nopsca (1877–1933) von 1903

*Lebensbild des Raub-Dinosauriers Compsognathus (unten links)
aus Bayern. Gemälde von Fritz Wendler (1941–1995)
für das Buch „Deutschland in der Urzeit" von Ernst Probst*

Fund von Compsognathus aus Canjuers in Frankreich

Juravenator

Name: Jäger des Juragebirges
Größe: 75 bis 80 Zentimeter
Vorkommen: Obere Jurazeit
Funde: Deutschland (Bayern)
Systematik: Saurischia, Theropoda, Tetanurae,
Coelurosauria
Erstbeschreibung: Göhlich und Chiappe 2006

Vom kleinen Raub-Dinosaurier *Juravenator starki* wurde
1998 von den Amateur-Paläontologen Klaus-Dieter
Weiß und Hans Weiß (beide sind Brüder) in Schamhaupten bei Eichstätt (Bayern) ein nahezu vollständig
erhaltenes Skelett entdeckt. Der spektakuläre Fund kam
an einer vom „Jura-Museum Eichstätt" gepachteten
Grabungsstelle im „Starkschen Steinbruch" zum
Vorschein. Laut Online-Lexikon „Wikipedia" wurde nie
zuvor ein so gut erhaltener Raub-Dinosaurier in Europa
gefunden. Es handelte sich um ein Jungtier mit einer
Länge zwischen etwa 75 und 80 Zentimetern. *Juravenator*
war ein Zeitgenosse des Raub-Dinosauriers *Compsognathus longipes*, der aus Jachenhausen bei Riedenburg in
Bayern nachgewiesen ist. Der Fund von *Juravenator* aus
Schamhaupten stammt von einem Tier, das vermutlich
bei einer Überschwemmung von einer Welle ins Wasser
gerissen wurde und ertrank. Bei dem ungewöhnlich gut
erhaltenen Fossil sind sogar Weichteile und Abdrücke

der Haut mit kleinen Pusteln erkennbar. Vor der wissenschaftlichen Erstbeschreibung wurde der Fund scherzhaft „Borsti" genannt. Dies geschah in der fälschlichen Annahme, dieser Dinosaurier habe möglicherweise Protofedern besessen. Anzeichen von Federn hat man bei der folgenden wissenschaftlichen Untersuchung nicht beobachtet. Wenn *Juravenator* tatsächlich keine Federn trug, sind nicht alle Coelurosaurier gefiederte Dinosaurier gewesen. Den wissenschaftlichen Namen *Juravenator starki* haben 2006 die deutsche Paläontologin Ursula B. Göhlich und der amerikanische Paläontologe Louis M. Chiappe geprägt. Der Gattungsname *Juravenator* („Jäger des Juragebirges") besteht aus dem Begriff Jura und dem lateinischen Wort venator (Jäger). Der Artname erinnert an die Familie Stark, die Besitzer des Steinbruches, im dem *Juravenator* gefunden wurde. Klaus-Dieter Weiß, einer der beiden Entdecker, bedauerte, dass dieses Fossil nicht *Juravenator weißstarki* genannt wurde, womit Steinbruchbesitzer und Entdecker gleichermaßen geehrt worden wären. Klaus-Dieter Weiß hatte für die Grabungen seinen ganzen fünfwöchigen Sommerurlaub geopfert und sich dabei sogar einige Rippen gebrochen. Sein Bruder Hans Weiß hatte sich bei den Grabungen auf die Hand geschlagen.

Lebensbild von Juravenator starki.
Zeichnung von Nobu Tamura

Juravenator starki wurde von der „Paläontologischen Gesellschaft" zum „Fossil des Jahres 2009" gewählt.

Plateosaurus

Name: Flache Echse, Breite Echse, Breitweg-Echse
Größe: bis zu 10 Meter lang
Vorkommen: Obere Triaszeit
Funde: Deutschland (Bayern, Baden-Württemberg,
Niedersachsen, Sachsen-Anhalt, Thüringen), Schweiz,
Frankreich, Grönland
Systematik: Saurischia, Sauropodomorpha,
Prosauropoda, Plateosauridae
Erstbeschreibung: Meyer 1837

Der Vor-Echsenfüßer *Plateosaurus* aus der Oberen
Triaszeit vor etwa 216 bis 199 Millionen Jahren wurde
wegen seines häufigen Vorkommens in Württemberg
von dem Paläontologen Friedrich August Quenstedt
(1809–1889) als „Schwäbischer Lindwurm" bezeichnet.
Das Stuttgarter Naturkundemuseum wählte ihn zum
Wappentier. Den Gattungsnamen *Plateosaurus* prägte
1837 der Frankfurter Wirbeltierpaläontologe Hermann
von Meyer (1801–1869) für einen 1834 von dem Nürnberger Chemieprofessor Johann Friedrich Engelhardt
entdeckten Fund bei Heroldsberg unweit von Nürnberg
in Bayern. Bei der wissenschaftlichen Erstbeschreibung
erklärte er nicht, warum er diesen Gattungsnamen wählte. *Plateosaurus* war weltweit der fünfte wissenschaftlich
beschriebene Dinosaurier. Von *Plateosaurus* hat man
mehr als 100 teilweise vollständige Skelette in sehr guter

Erhaltung gefunden. Nirgendwo auf der Welt wurden mehr Skelette und Skelettreste von Plateosaurus geborgen als bei drei großangelegten Grabungen 1911/1912, 1921–1923 und 1932 in Tros-singen östlich von Villingen-Schwenningen in Würt-temberg. Allein 1932 kamen vier vollständige und 17 nahezu vollständige Skelette sowie 41 Skelettteile zum Vorschein. Insgesamt wurden in Trossingen 35 vollständige oder großenteils vollständige Skelette und Teile von weiteren rund 70 Tieren gefunden. Bei den Plateosauriern von Trossingen handelt es sich vielleicht um Tiere, die nach dem Tod zusammengeschwemmt wurden. Bei der ersten Veröffentlichung über die *Plateosaurus*-Funde von Trossingen hieß es 1913, die Tiere seien im Schlamm steckengeblieben. Laut einer 1928 publizierten Theorie sollen die Plateosaurier von Trossingen in der Wüste umgekommen sein. 1933 wurde die Theorie veröffentlicht, Herden von Plateosauriern hätten sich an großen Wasserlöchern versammelt, wo einige Tiere ins Wasser gedrückt worden seien. Leichtere Tiere sollen freigekommen, schwere dagegen stecken- geblieben und gestorben sein. 1984 hat man die Funde aus den unteren Schichten von Trossingen als Herde interpretiert, die in einem Schlammstrom umkam, während die Skelette der oberen Schichten über einen längeren Zeitraum zusammengetragen wurden. Zu den bedeutendsten Fundorten von Plateosauriern in Deutschland gehört auch eine Ziegeleigrube bei Halberstadt in Sachsen-

Anhalt, wo man zwischen 1910 und 1930 Skelettreste zwischen 39 und 50 Dinosauriern barg, die von *Plateosaurus* sowie von den Raub-Dinosauriern *Liliensternus* und *Halticosaurus* stammen. Die Plateosaurier aus Halberstadt deutete man früher als Tiere, die zu tief in Sümpfe gewatet, steckengeblieben und ertrunken waren. In Deutschland kennt man insgesamt mehr als 50 *Plateosaurus*-Fundstellen. Aus einer Tongrube in Frick im schweizerischen Kanton Aargau kennt man seit 1961 Skelettreste von drei bis vier Plateosauriern. 1997 holte man bei einer Ölsuchbohrung in der Nordsee in 2.651 Meter Tiefe unter dem Meeresspiegel das Bruchstück eines Beinknochens von *Plateosaurus* ans Tageslicht. Dieses wurde von den Arbeitern zunächst als Pflanzenfossil verkannt und erst 2003 als Dinosaurier-Knochen identifiziert. Auch auf Grönland hat man *Plateosaurus*-Fossilien geborgen. Der Gattung *Plateosaurus* hat man früher zahlreiche Arten zugeordnet. Davon erkennt man heute nur noch zwei als gültig an: *Plateosaurus engelhardti* und die etwas ältere Spezies *Plateosaurus gracilis* (früher *Sellosaurus gracilis*). Vieles von dem, was früher über *Plateosaurus* geschrieben wurde, gilt jetzt nicht mehr. Nach gegenwärtigem Wissensstand war *Plateosaurus* ein auf zwei Beinen gehender Pflanzenfresser mit kleinem Kopf auf einem langen biegsamen Hals. Er besaß viele blattförmige Zähne zum Zerquetschen von Pflanzenmaterial, eine starke Greifhand mit vergrößerter Daumenkralle, kräftige

Hinterbeine und einen langen, flexiblen Schwanz. Die Daumenkralle wurde vielleicht bei der Nahrungsbeschaffung oder bei der Feindabwehr eingesetzt. Erwachsene Tiere der Art *Plateosaurus engelhardti* erreichten eine Länge zwischen etwa 4,80 und zehn Metern und ein Lebendgewicht von schätzungsweise zwischen 600 Kilogramm und vier Tonnen. Der etwas kleinere *Plateosaurus gracilis* war zwischen vier und fünf Meter lang. Die Lebensdauer der Plateosaurier soll im Normalfall zwischen zehn und 25 Jahren gelegen haben. Im Stuttgarter Naturkundemuseum sind Plateosaurier in unterschiedlicher Körperhaltung zu bewundern. *Plateosaurus* wird auch „Deutscher Lindwurm" genannt.

Schädel von Plateosaurus
in einem Museum in Toronto (Kanada)

Funde von *Plateosaurus* in Deutschland
laut „Dinosaurier in Deutschland" (1993)
von Ernst Probst und Raymund Windolf:

Württemberg:
Langenberg
Wüstenrot
Welzheim
Spraitbach
Erlenberg
Tübingen
Schlößlesmühle bei Waldbuch
Stuttgart
Balingen
Aixheim
Biesingen bei Donaueschingen
Trossingen
Stromberg, Ochsenbach
Echterdingen
Bebenhausen
Pfrondorf
Kressbach
Hechingen

Franken:
Heroldsbach und Fischbach bei Nürnberg
Eisenbahnlinie zwischen Lauf und Röthenbach
Eisenbahnlinie zwischen Lauf und Behringersdorf
Lauf bei Nürnberg
Günthersbühl und Nuschelberg bei Lauf
Drepersdorf im Pegnitztal
Altdorf
Altenstein bei Maroldsweisbach
Kulmbach
Ellingen bei Weißenburg
Eichelburg bei Weißenburg
Pierheim östlich von Hiltpoltstein

Niedersachsen:
Göttingen
Bovenden
Hedeper bei Braunschweig

Sachsen-Anhalt:
Halberstadt

Thüringen:
Großer Gleichberg südlich Hildburghausen

*Skelett von Plateosaurus engelhardti aus Trossingen
im „American Museum of Natural History", New York*

*Hermann von Meyer (1801–1869), links.
Fossiler Schädel und Hals von Plateosaurus (rechts)*

*Lebensbild von Plateosaurus. Gemälde von
Fritz Wendler (1941–1995) für das Buch „Deutschland
in der Urzeit" (1986) von Ernst Probst*

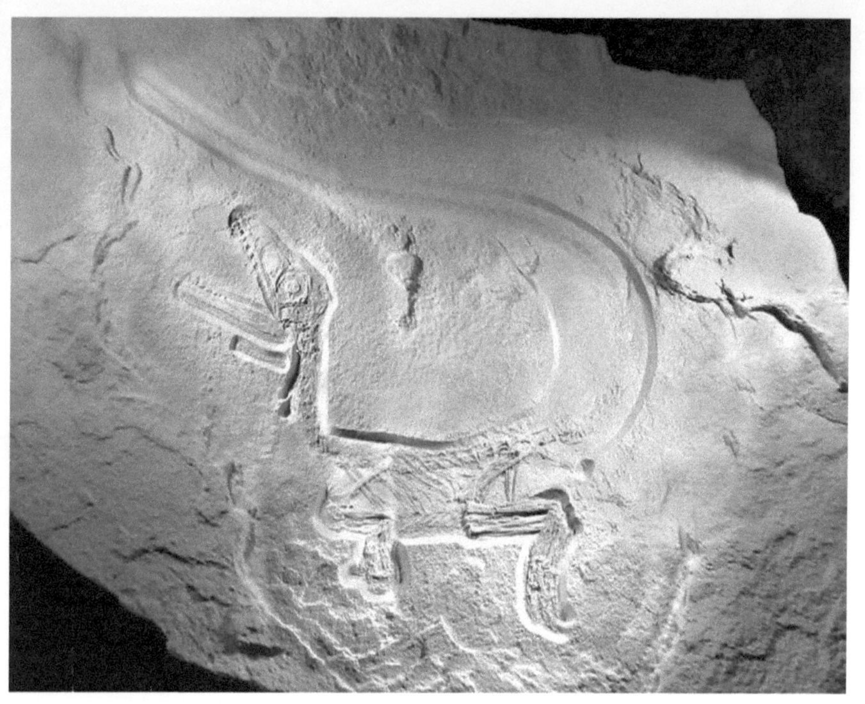

Skelett von Sciurumimus albersdoerferi

Sciurumimus

Name: Eichhörnchen-Nachahmer
Größe: als frischgeschlüpftes Jungtier
72 Zentimeter lang,
als erwachsenes Tier mehr als 5 Meter lang
Vorkommen: Oberer Jura
Funde: Painten in Bayern
Systematik: Saurischia, Theropoda, Tetanurae,
Megalosauroidea
Erstbeschreibung: Rauhut, Foth, Tischlinger
und Norell 2012

Vom Raub-Dinosaurier *Sciurumimus* ist bisher weltweit nur ein einziges Exemplar bekannt. Dabei handelt es sich um das ungewöhnlich gut erhaltene Skelett eines offenbar frisch geschlüpften Jungtieres, das 2009 oder 2010 bei Ausgrabungen im Kalkwerk Rygol bei Painten (Kreis Kelheim) in Niederbayern zum Vorschein kam. Finanziert wurden diese Ausgrabungen durch den Geologen und Fossilienhändler Raimund Albersdörfer aus Schnaittach in Mittelfranken. Dessen Ehefrau Birgit Albersdörfer ist Eigentümerin des Fossils, hat es als Kulturgut angemeldet und großzügigerweise dem Bürgermeister-Müller-Museum in Solnhofen als Dauerleihgabe überlassen. *Sciurumimus* wurde im Kelheimer Kalkstein entdeckt. Dieser gehört zur so genannten Beckeri-Zone aus der Stufe Kimmeridgium

*Kopf von Sciurumimus albersdoerferi
mit großen Augen und stumpfer Schnauze*

des Oberjura. Demzufolge ist der Fund etwa 151 Millionen Jahre alt. Die Erstbeschreibung erfolgte 2012 durch Oliver Rauhut, Christian Foth, Helmut Tischlinger und Mark A. Norell in der Fachzeitschrift „Proceedings" der US-Akademie der Wissenschaften („PNAS"). Wegen des buschigen Schwanzes des Tieres bezeichneten sie die Gattung als *Sciurumimus* (Sciurus = Eichhörnchen, mimus = Nachahmer). Mit dem Artnamen *albersdoerferi* ehrte man Raimund Albersdörfer, den Finanzier der Forschungsarbeiten. *Sciurumimus albersdoerferi* dürfte ein frisch geschlüpftes Jungtier eines zweibeinig auf den Hinterbeinen gehenden Raub-Dinosauriers gewesen sein. Dieses Jungtier ist 72 Zentimeter lang und trägt einen etwa acht Zentimeter langen Schädel. Erwachsene Tiere dieser Art könnten mehr als fünf Meter lang gewesen sein. Vom Raub-Dinosaurier *Allosaurus* *(„Andersartige Echse"),* der erwachsen bis zu zwölf Meter Länge erreichte, kennt man 42 Zentimeter lange Jungtiere. *Sciurumimus* besaß einen relativ großen Kopf mit sehr weiten Nasenöffnungen. Wie bei anderen Raub-Dinosauriern waren seine Augen im Vergleich zu erwachsenen Tieren sehr groß. Experten vermuten schon länger, dass sich die Gesichtszüge und die Lebensweise im Laufe eines Dinosaurier-Lebens geändert haben, was man als „Kindchenschema" bezeichnet. Im Oberkiefer von *Sciurumimus* befanden sich drei Dutzend stark nach hinten ausgerichtete Zähne, die rückseitig gezackt sind. Andere Raub-Dinosaurier aus der Verwandtschaftsgruppe der Tetanurae („starre Schwänze"), zu denen *Sciurumimus* gerechnet wird, trugen dagegen beidseitig gezackte Zähne. Womöglich hatten die Jungtiere von *Sciurumimus* eine andere Nahrung als erwachsene Tiere. In einem bestimmten Stadium der Entwicklung könnte ein Zahnwechsel erfolgt sein, bei dem die nur einseitig gezackten Zähne gegen beidseitig gezackte ausgetauscht wurden. Wegen seiner Skelettmerkmale betrachtet man *Sciurumimus* als sehr ursprünglichen Vertreter der Megalosauroidea, zu denen der Raub-Dinosaurier *Megalosaurus* („Große Echse") gehört. Die Vorderbeine sind kurz und kräftig und tragen drei lange Zehenglieder und Krallen. Die Hinterbeine ohne Füße haben eine Länge von etwa elf Zentimetern und erlaubten eine rasche Fortbewegung auf zwei Beinen. Der lange Schwanz wird aus 59 Wirbeln gebildet. Besonders bemerkenswert sind feine Abdrücke und Reste eines Federflaums, der offenbar den Körper des Tieres bedeckte. „Unter UV-Licht haben wir Reste der Haut und des Federkleides als leuchtende Flecken und Fasern an dem Skelett erkannt", erklärte der Experte Helmut Tischlinger aus Stamham. Der Flaum von *Sciurumimus* besteht aus 0.2 Millimeter dicken, haarartigen Federn und ist am Schwanz besonders stark ausgeprägt. Dank langer und dichter Filamentstrukturen hatte *Sciurumimus* eine fellartige Oberfläche und ein buschiges Erscheinungsbild. Die Entdeckung des flauschigen Dinosauriers *Sciurumimus* gilt als wissenschaftliche Sensation. Das Fossil ist zu 98 Prozent überliefert. Deswegen gilt *Sciurumimus* als vermutlich am besten erhaltener Raub-Dinosaurier in Europa. „Sein Gefieder könnte darauf hindeuten, dass alle Raubsaurier befiedert waren – und möglicherweise nicht nur sie", erklärte der an der Ludwig-Maximilians-Universität München lehrende und an der Bayerischen Staatssammlung für Paläontologie und Geologe tätige Paläontologe Oliver Rauhut. Die Daunenfedern von *Sciurumimus* ähneln der haarähnlichen Körperbedeckung der Flugsaurier. Dies nährt die Annahme, nicht nur Flugsaurier und Raub-Dinosaurier seien befiedert gewesen, sondern alle Dinosaurier könnten ein wärmendes Federkleid getragen haben. „Dann aber müsste das Bild der reptilischen Riesen im Schuppenpanzer endgültig ac acta gelegt werden", meinte Rauhut. Die Federn dienten Dinosauriern nicht zum Fliegen, sondern als Wärmeschutz. Eine solche Körperbedeckung macht laut Rauhut nur dann Sinn, wenn Dinosaurier in gewissem Maße die Möglichkeit hatten, ihre Körpertemperatur zu regeln. Auf diese Weise seien sie eine Art Warmblütler gewesen. Damit waren sie unabhängiger von der Temperatur ihrer Umgebung, aber auch anfälliger für Futterknappheit, weil Warmblütler mehr Energie brauchen. Im Bürger-meister-Müller-Museum in Solnhofen ist *Sciurumimus* eine Attraktion ersten Ranges. Martin Röper, der Leiter dieses Museums, wertet das Raub-Dinosaurier-Baby als

wichtigstes Ausstellungsstück noch vor den beiden
Urvögeln der Gattung *Archaeopteryx* in der Ausstellung.
Jungtiere von Dinosauriern sind sehr seltene Funde.
Einerseits wurden sie oft Jagdbeute von Raub-Dino-
sauriern, andererseits zerfallen kleine Knochen leichter
als große. *Sciurumimus* ist nach *Compsognathus* und
Juravenator der dritte aus Bayern bekannte Raub-
Dinosaurier aus der Zeit des Oberen Jura. Zeitgenossen
von ihm waen Urvögel und Flugsaurier.

*Von Dinosauriern fasziniert
sind die Enkel Max und Paula des Autors*

Was ist ein Dinosaurier?

Dinosaurier unterscheiden sich von anderen urzeitlichen Sauriern grundlegend durch einen verbesserten Bewegungsapparat, der größere Schnelligkeit und Beweglichkeit zuließ. Erreicht wurde dies durch eine verbesserte Stellung der Extremitäten. Bei den Dinosauriern setzten die Beine nicht wie bei anderen Reptilien (Kriechtiere) seitwärts am Körper an, was nur eine schubkriechende Fortbewegung erlaubte. Stattdessen hatten die Dinosaurier die Gliedmaßen senkrecht am Körper. Ihre Beinstellung entsprach derjenigen von heutigen Säugetieren und Vögeln. Diese statisch günstigere Anordnung der Gliedmaßen ließ auch ein höheres Körpergewicht zu.

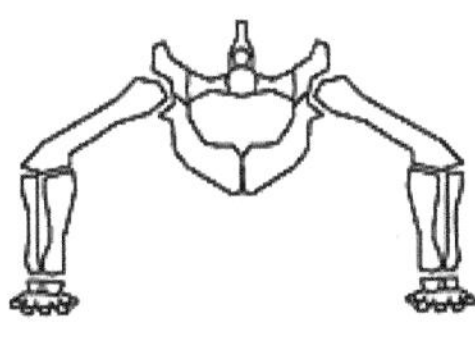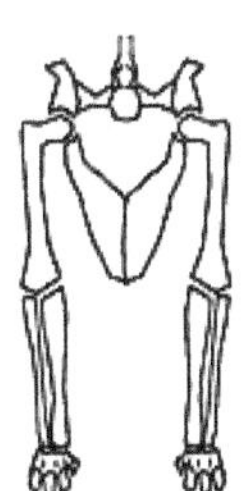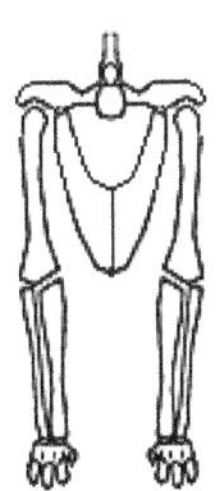

Beinstellung eines Reptils (links), eines Dinosauriers bzw. eines Säugetieres (Mitte) und eines Rauisuchiers (rechts)

Nach dem Bau der Hüft- und Beckenregion werden die Dinosaurier in zwei große Gruppen oder Ordnungen eingeteilt: Die eine davon sind die Saurischia oder Echsenbecken-Dinosaurier, die anderen die Ornithischia oder Vogelbecken-Dinosaurier.

Kurioserweise sind die Echsenbecken-Dinosaurier trotz ihres Namens näher mit den Vögeln verwandt als die Vogelbecken-Dinosaurier. Bei ihnen gab es Pflanzen- und Fleischfresser. Die Fleischfresser unter den Saurischa bezeichnet man als Theropoden, die Pflanzenfresser als Sauropoden. Zu den Echsenbecken-Dinosauriern gehörten die größten Dinosaurier (*Argentinosaurus, Supersaurus*) und die kleinsten (*Compsognathus*) sowie gefährliche Raub-Dinosaurier wie *Spinosaurus, Giganotosaurus und Tyrannosaurus.*

Die Vogelbecken-Dinosaurier waren allesamt Pflanzenfresser. Sie trugen teilweise Panzer, Hornplatten und Hörner. Im Gegensatz zu den Echsenbecken-Dinosauriern ragten ihr Schambein und Sitzbein nach hinten unten. Als weiteres typisches Merkmal gilt ein zusätzlicher Knochen am Vorderende des Unterkiefers. Zu den Vogelbecken-Dinosauriern gehörten die Unterordnungen Ornithopoda (Vogelfüßer), Pachycephalosauria (Dickschädel-Echsen oder Dickkopf-Dinosaurier), Stegosauria (Platten-Echsen), Ankylosauria (Panzer-Dinosaurier) und Ceratopsia (Horn-Dinosaurier oder Nackenschild-Dinosaurier).

Vereinfachte Klassifikation von Dinosauriern auf Familienebene laut Online-Lexikon „Wikipedia":

Dinosauria

- Saurischia (Echsenbecken-Dinosaurier: Theropoden und Sauropoden)

  - Herrerasauria (frühe, zweibeinige Fleischfresser)

  - Theropoda (zweibeinig gehende Dinosaurier, zum Großteil Fleischfresser)

    - Coelophysoidea (*Coelophysis* und enge Verwandte)

    - Ceratosauria (*Ceratosaurus* und Abelisauriden

    - Spinosauroidea (Fleisch- und eventuell Fischfresser; einige besaßen einen krokodilähnlichen Schädel und knöcherne Rückensegel)

    - Carnosauria (*Allosaurus* und enge Verwandte, wie zum Beispiel *Carcharodontosaurus*)

- Coelurosauria (Gruppe verschiedenartiger Theropoden)

  - Tyrannosauroidea (klein bis gigantisch, oft mit reduzierten Armen)

  - Ornithomimosauria (Straußen-ähnlich, zahnlos, Fleisch- oder Pflanzenfresser)

  - Therizinosauria (zweibeinig gehende Pflanzenfresser mit langen Armen und kleinen Köpfen)

  - Oviraptorosauria (zahnlos, ihre Ernährung und Lebensgewohnheiten sind ungewiss)

  - Dromaeosauridae (wie die klassischen Raptoren, zum Beispiel *Velociraptor*)

  - Troodontidae (ähnlich wie die Dromaeosauriden, aber leichter gebaut, und

möglicherweise
Allesfresser)

- Aves (die Vögel, die
einzigen rezenten
Dinosaurier)

- Sauropodomorpha (Gruppe oft sehr
langhalsiger Pflanzenfresser)

  - Prosauropoda (frühe Verwandte
  der Sauropoden; klein bis recht
  groß; einige waren eventuell
  Allesfresser, zweibeinig und
  vierbeinig gehend)

    - Sauropoda (sehr groß mit
    elefantenähnlichen Beinen,
    meistens über 15 Meter
    lang)

    - Diplodocoidea (verlängerte
    Schädel und Schwänze;
    Zähne sind nach vorne
    gerichtet und stiftartig)

    - Macronaria (diverse
    Gruppe teils riesiger
    Sauropoden)

- Brachiosauridae (sehr lange Hälse, Vorderbeine sind länger als Hinterbeine)

- Titanosauria (divers; besonders häufig in der späten Kreidezeit der südlichen Kontinente)

- Ornithischia (Vogelbecken-Dinosaurier: diverse Gruppe zweibeinig oder vierbeinig gehender Pflanzenfresser)

  - Heterodontosauridae (kleinere Pflanzen- oder Allesfresser mit großen Eckzähnen)

  - Thyreophora (Gepanzerte Dinosaurier, meistens vierbeinig gehend)

    - Ankylosauria (Panzerung aus Knochenplatten, einige trugen eine knöcherne Keule am Schwanzende)

    - Stegosauria (vierbeinig gehend, mit Knochenplatten und Stacheln)

  - Ornithopoda (divers, waren gleichzeitig vierbeinig und zweibeinig gehend, entwickelten die Fähigkeit zu kauen, große Anzahl von Zähnen)

    - Hadrosauridae (die „Entenschnäbel")

- Pachycephalosauria („Dickkopf-
  Dinosaurier", mit verdicktem
  Schädeldach und Kopfornamenten)

- Ceratopsia (vierbeinig gehend
  Dinosaurier mit Hörnern
  und Nackenschildern, obwohl
  frühe Formen nur Andeutungen
  dieser Merkmale besaßen.

Wie die Dinosaurier zu ihrem Namen kamen

Die urzeitlichen Echsen, die heute weltweit als Dinosaurier („Schreckensechsen") bezeichnet werden, hätten beinahe einen ganz anderen Namen erhalten. Der Frankfurter Forscher Hermann von Meyer (1801–1869) hatte 1830 für die riesenhaften Urweltreptilien den Begriff „Pachypoda" vorgeschlagen, was wörtlich „Dickfüßer" oder „Schwerfüßer" heißt. Diese Bezeichnung wählte er, zwölf Jahre vor Aufkommen des Begriffs Dinosaurier, in Anlehnung an die Benennung von Elefanten und Nashörnern als Pachydermen (Dickhäuter).

Hermann von Meyer gilt als der bedeutendste Wirbeltierpaläontologe des 19. Jahrhunderts zumindest in Deutschland, wenn nicht sogar in Europa. Er war beim „Deutschen Bundestag" in Frankfurt am Main von 1837 an als „Bundeskassen-Controleur" sowie von 1863 an als „Bundescassier" tätig und untersuchte in seiner Freizeit prähistorische Wirbeltiere wie Fische, Amphibien, Reptilien, Vögel und Säugetiere.

Dutzende von Urzeittieren wie der weltberühmte Urvogel *Archaeopteryx* aus Bayern verdanken Hermann von Meyer ihren wissenschaftlichen Namen. Sein Ruf

Hermann von Meyer (1801–1869)

Richard Owen (1801–1892)

war so gut, dass ihm viele Entdecker ihre zum Teil spektakulären Funde zur Begutachtung vorlegten. So war es auch im Fall des Nürnberger Arztes Johann Friedrich Engelhardt, der 1834 in Heroldsberg bei Nürnberg erstmals in Deutschland ein Dinosaurierskelett geborgen hatte. Meyer benannte diesen Fund 1837 *Plateosaurus engelhardti* („Engelhardts flache Echse").

Plateosaurus lebte in der Triaszeit vor mehr als 210 Millionen Jahren. Skelettreste dieser bis zu zehn Meter langen Dinosauriergattung wurden später auch in Baden-Württemberg, Niedersachsen, Thüringen und Sachsen-Anhalt gefunden, was dem Urzeittier den Beinamen „Deutscher Lindwurm" einbrachte.

Den Namen Dinosaurier gab es damals noch nicht, aber auch Meyers Bezeichnung „Pachypoda" hatte sich in der Fachwelt nicht durchgesetzt, zumal sie lediglich in einer Tabelle verwendet worden war. Mehr Glück war dem Paläontologen und ersten Direktor des Britischen Museums für Naturgeschichte in London, Richard Owen (1801–1892), beschieden, der 1842 für die bis dahin bekannten riesenhaften Echsen den Begriff „Dinosauria" vorschlug. Der wissenschaftliche Name „Dinosauria" (eingedeutscht: Dinosaurier) fand weltweit Anerkennung, obwohl nicht alle damit bezeichneten Urzeittiere den Titel „Schreckensechsen" verdienen. Neben 40 Meter langen Pflanzenfressern wie *Ar-gentinosaurus* und bis zu 18 Meter langen Raub-Dinosauriern wie *Spinosaurus* gab es auch nur katzengroße

„Dinos" wie den Zwerg-Dinosaurier *Compsognathus longipes* aus Bayern. Auch Meyers Name „Dickfüßer" wäre nicht generell richtig gewesen, weil viele Dinosaurier mehrzehige Füße hatten.

Autor Ernst Probst

Der Autor

Ernst Probst, geboren am 20. Januar 1946 in Neunburg vorm Wald im bayerischen Regierungsbezirk Oberpfalz, ist Journalist und Wissenschaftsautor. Er arbeitete von 1968 bis 1971 als Redakteur bei den „Nürnberger Nachrichten", von 1971 bis 1973 in der Zentralredaktion des „Ring Nordbayerischer Tageszeitungen" in Bayreuth und von 1973 bis 2001 bei der „Allgemeinen Zeitung", Mainz. In seiner Freizeit schrieb er Artikel für die „Frankfurter Allgemeine Zeitung", „Süddeutsche Zeitung", „Die Welt", „Frankfurter Rundschau", „Neue Zürcher Zeitung", „Tages-Anzeiger", Zürich, „Salzburger Nachrichten", „Die Zeit", „Rheinischer Merkur", „Deutsches Allgemeines Sonntagsblatt", „bild der wissenschaft", „kosmos", „Deutsche Presse-Agentur" (dpa), „Associated Press" (AP) und den „Deutschen Forschungsdienst" (df). Aus seiner Feder stammen die Bücher „Deutschland in der Urzeit" (1986), „Deutschland in der Steinzeit" (1991), „Rekorde der Urzeit" (1992), „Dinosaurier in Deutschland" (1993 zusammen mit Raymund Windolf) und „Deutschland in der Bronzezeit" (1996). Von 2001 bis 2006 betätigte sich Ernst Probst als Buchverleger sowie zeitweise als internationaler Fossilienhändler und Antiquitätenhändler. Insgesamt veröffentlichte er mehr als 100 Bücher, Taschenbücher, Broschüren, Museumsführer und E-Books.

Literatur

CHARIG, Alan (Übersetzung von Rupert Wild):
Dinosaurier. Rätselhafte Riesen der Urzeit, Hamburg
1982

COX, Barry / DIXON, Dougal / GARDINER,
Brian / SAVAGE, R. J. G.: Dinosaurier und andere
Tiere der Vorzeit. Die große Enzyklopädie der
prähistorischen Tierwelt, München 1989

DINOSAURIER-INFO
www.dinosaurier-info.de

DINOSAURIER-INTERESSE
www.dinosaurier-interesse.de

DINOSAURIER-NEWS
http://dinosaurier-news.blog.de

DINOSAURIER.ORG
www.dinosaurier.org

JELTING, Uwe: Den Dinosauriern auf der Spur,
Bonn 2007

PALAEOCRITTI. A guide to prehistoric animals
www.palaeocritti.com

PROBST, Ernst: Deutschland in der Urzeit,
München 1986

PROBST, Ernst: Rekorde der Urzeit, München
1992

PROBST, Ernst: Rekorde der Urzeit. Landschaften,
Pflanzen und Tiere, München 1992

PROBST, Ernst: Dinosaurier in Deutschland. Von
Elephantopoides bis zu *Stenopelix*, München 2010
PROBST, Ernst: Dinosaurier von A bis K. Von
Abelisaurus bis zu *Kritosaurus*, München 2010
PROBST, Ernst: Dinosaurier von L bis Z. Von
Labocania bis zu *Zupaysaurus,* München 2010
PROBST, Ernst: Raub-Dinosaurier von A bis Z.
Mit Zeichnungen von Dmitry Bogdanov und Nobu
Tamura, München 2010
PROBST, Ernst / WINDOLF, Raymund:
Dinosaurier in Deutschland, München 1993
RAUHUT, Oliver / FOTH, Christian /
TISCHLINGER, Helmut / NORELL, Mark A.:
Exceptionally preserved juvenile megalosauroid
theropod dinosaur with filamentous integument from
the Late Jurassic of Germany. Proceedings of the
National Academy of Sciences of the United States
of America (PNAS), Washington, 2. Juli 2012.
WIKIPEDIA (Online-Lexikon) http://wikipedia.org
WINDOLF, Raymund: Dinosaurier-Lexikon,
Korb 1989

Bildquellen

Bücher von Ernst Probst

Rekorde der Urzeit. Landschaften,
Pflanzen und Tiere
Rekorde der Urmenschen. Erfindungen,
Kunst und Religion
Archaeopteryx. Die Urvögel aus Bayern
Der Ur-Rhein. Rheinhessen
vor zehn Millionen Jahren
Der Rhein-Elefant. Das Schreckenstier
von Eppelsheim
Krallentiere am Ur-Rhein
Menschenaffen am Ur-Rhein
Säbelzahntiger am Ur-Rhein
Deutschland im Eiszeitalter
Dinosaurier in Deutschland
Dinosaurier in Baden-Württemberg
Dinosaurier in Niedersachsen
Dinosaurier von A bis K
Dinosaurier von L bis Z
Raub-Dinosaurier von A bis Z
Höhlenlöwen. Raubkatzen im Eiszeitalter
Der Mosbacher Löwe. Die riesige
Raubkatze aus Wiesbaden
Säbelzahnkatzen. Von *Machairodus*
bis zu *Smilodon*
Die Säbelzahnkatze *Machairodus*
Die Säbelzahnkatze *Homotherium*

Die Dolchzahnkatze *Megantereon*
Die Dolchzahnkatze *Smilodon*
Der Höhlenbär
Johann Jakob Kaub. Der große Naturforscher
aus Darmstadt
Monstern auf der Spur. Wie die Sagen
über Drachen, Riesen und Einhörner entstanden
Affenmenschen. Von Bigfoot
bis zum Yeti
Seeungeheuer. Von Nessie
bis zum Zuiyo-maru-Monster

Bestellungen bei: http://www.grin.com